Christian Kowollik

Neuere Entwicklungen zur Umweltbildung im Geographieunterricht

GRIN Verlag

Bibliografische Information der Deutschen Nationalbibliothek:

Die Deutsche Bibliothek verzeichnet diese Publikation in der Deutschen National-
bibliografie; detaillierte bibliografische Daten sind im Internet über http://dnb.d-
nb.de/ abrufbar.

Impressum:

Copyright © 2004 GRIN Verlag GmbH
Druck und Bindung: Books on Demand GmbH, Norderstedt Germany
ISBN: 978-3-638-77528-1

Dieses Buch bei GRIN:

http://www.grin.com/de/e-book/43203/neuere-entwicklungen-zur-umweltbildung-
im-geographieunterricht

GRIN - Your knowledge has value

Der GRIN Verlag publiziert seit 1998 wissenschaftliche Arbeiten von Studenten, Hochschullehrern und anderen Akademikern als eBook und gedrucktes Buch. Die Verlagswebsite www.grin.com ist die ideale Plattform zur Veröffentlichung von Hausarbeiten, Abschlussarbeiten, wissenschaftlichen Aufsätzen, Dissertationen und Fachbüchern.

Besuchen Sie uns im Internet:

http://www.grin.com/

http://www.facebook.com/grincom

http://www.twitter.com/grin_com

Universität Osnabrück   11.01.2005
WS 2004/2005

Neuere Entwicklungen
zur Umweltbildung im Geographieunterricht

Name des Referenten: Christian Kowollik
Studiengang: LA Gymnasium, 5. Semester

Thema des Seminars: Umweltbildung

Inhaltsverzeichnis   Seite

1. Einleitung

Die vorliegende Arbeit soll neuere Entwicklungen zur Umweltbildung im Geographieunterricht aufzeigen. Zunächst wird anhand der Modelle von KROSS und HOFFMANN ein Überblick über die Entwicklung der Umweltbildung gegeben. Um auf neueste Tendenzen einzugehen, müssen die bis heute einflussreichen Konferenzen in Rio de Janeiro 1992 und Johannesburg 2002 beleuchtet werden.

Immer wichtiger für die Umweltbildung wird heutzutage die Schülerorientierung. Deshalb soll in Kapitel 4 Kindheit und Jugend im Wandel der Zeit dargestellt werden. Nach der Zusammenfassung der Grundsätze moderner schulischer Umweltbildung wird noch auf zwei wichtige Aufsätze von KÖCK und KROSS aus den Jahren 2003 bzw. 2004 eingegangen.

2. Entwicklung der Umweltbildung

2.1 Leitlinien des Geographieunterrichts nach KROSS

Unterricht im Allgemeinen und Geographieunterricht im Speziellen unterliegt stets bestimmten Leitvorstellungen und Perspektiven. Diese sind jedoch in den meisten Unterrichtsfächern nicht statisch, sondern ändern sich im Laufe der Zeit. Für den Geographieunterricht hat KROSS im Jahre 1994 die Leitbilder der letzten Jahrzehnte zusammengefasst (siehe Abbildung 1). Demnach steht vor 1970 die Auseinandersetzung mit den Naturgegebenheiten im Vordergrund (Geodeterminismus). Um 1970 findet ein Wandel in der Geographiedidaktik statt, der sich auch auf die Leitlinien auswirkt. In den 70er und 80er Jahren rücken die Möglichkeiten der Inwertsetzung der Erde in den Mittelpunkt des Geographieunterrichts, was sich auch anhand der Lehrpläne und Schulbücher ablesen lässt. Eine weitere Leitvorstellung, die sich bereits Ende der 80er Jahre ankündigt und Anfang 90er immer wichtiger wird, ist die der Bewahrung der Erde. Hierbei steht die Erde als Lebensraum im Vordergrund (nach KROSS 1994, S. 348ff.).

Abbildung 1: Wandel geographiedidaktischer Leitvorstellungen (Quelle: KROSS 1994, S. 350)

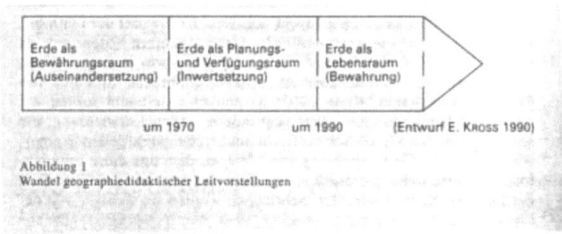

2004 schreibt KROSS, das aktuelle Leitbild des Geographieunterrichts sei die „Erziehung zur nachhaltigen Entwicklung" (KROSS 2004, S. 8), angeregt durch die Konferenz in Rio de Janeiro 1992 und die dort verabschiedete Agenda 21. Hierauf wird in Kapitel 3 näher eingegangen.

2.2 Phasen der Umweltbildung nach HOFFMANN

Auch HOFFMANN sieht in der „Bildung für nachhaltige Entwicklung" (HOFMANN 2002, S.174) das aktuelle Leitbild des Geographieunterrichts. Er unterteilt die Entwicklung der Umweltbildung in drei Phasen (siehe Abbildung 2): Die „programmatische Phase" bis 1980, die

4

„pragmatische Phase" bis Anfang der 90er und schließlich die „reflexive und zukunftsorientierte Phase" bis heute (HOFFMANN 2002, S. 176).

Abbildung 2: Zum konzeptionellen Wandel der Umweltbildung in der BRD
(Quelle: HOFFMANN 2002, S. 176)

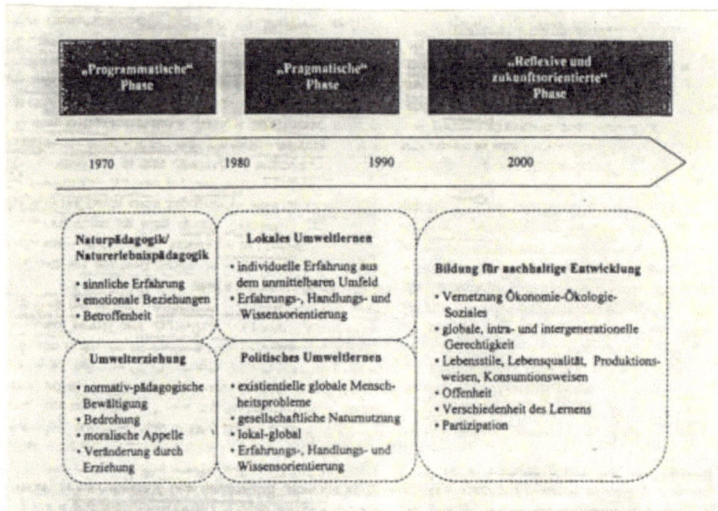

3. Die Konferenzen Rio 1992 und Johannesburg 2002

3.1 Rio 1992

1992 findet in Rio de Janeiro der Erdgipfel für Umwelt und Entwicklung der UNCED statt, an dem 178 Staaten teilnehmen. Im Mittelpunkt der Konferenz steht das Problem der Sicherung der ökologischen, ökonomischen und sozialen Lebensbedingungen der Erde. Das verabschiedete Aktionsprogramm „Agenda 21" setzt vor allem auf Bildung für nachhaltige Entwicklung, Partizipation (Bürgerbeteiligung) und Gestaltungskompetenz, d.i. das „Vermögen von Menschen, die Zukunft ... im Sinne nachhaltiger Entwicklung zu verändern und mitzugestalten" (NDS. KULTUSMINISTERIUM 2001, S. 9).

Seitdem ist der ursprünglich aus der Forstwirtschaft stammende Begriff der „Nachhaltigkeit" in aller Munde. Unter Nachhaltigkeit versteht man, nicht mehr Rohstoffe/Ressourcen zu verbrauchen, als nachwachsen, und künftigen Generationen so viele Ressourcen zu überlassen, wie der jetzigen zur Verfügung stehen (nach FLATH und FUCHS 1997, S. 9). Nachhaltigkeit ist allerdings nur dann umsetzbar, wenn das Bewusstsein der Bevölkerung wächst und jeder einzelne bereit ist, sich dafür einzusetzen. Daher ist die Bildung für nachhaltige Entwicklung unabdingbar.

Die Bund-Länder-Kommission führte 1999 ein fünfjähriges Förderprogramm ein, um die Bildung für nachhaltige Entwicklung in deutschen Schulen zu integrieren. In Kooperation mit gesellschaftlichen Partnern flossen insgesamt 25 Mio. DM an Schulen in 14 Bundesländern. Ziel ist es, dass Schulen Bildung für nachhaltige Entwicklung als selbstverständliche Aufgabe hinnehmen (nach NDS. KULTUSMINISTERIUM 2001, S. 160f.).

Die Konferenz in Rio bringt einige Folgekonferenzen in den Bereichen Klima- und Artenschutz mit sich. 1997 findet in Kyoto eine Klimakonferenz statt, bei der das „Kyoto-Protokoll" verabschiedet wird. Erst im November 2004 kann es durch den Beitritt Rußlands in Kraft treten. Dies zeigt, wie lange solche Vereinbarungen oftmals dauern.

3.2. Johannesburg 2002

Zur Bilanzierung der letzten zehn Jahre findet im Sommer 2002 in Johannesburg die „Konferenz für nachhaltige Entwicklung" statt. Zum einen wird analysiert, wie die Agenda 21 umgesetzt wurde, zum anderen werden auch neue Ziele formuliert, die sog. MDGs (Millenium Development Goals). Die EU-Staaten bewerten die Konferenz als zufriedenstellend, alle bedeutenden Themen des Jahrhunderts seien angesprochen worden. Die Entwicklungsländer sehen die Ergebnisse als eher enttäuschend: mangelnde Konkretisierung und fehlende Überwachungsmechanismen sowie fehlende Sanktionierungsmaßnahmen sind die Hauptkritikpunkte (nach SCHMITT 2002, S. 7).

4. Kindheit und Jugend früher und heute

Bevor die neuesten Grundsätze schulischer Umweltbildung betrachtet werden, soll auf Kindheit und Jugend im Wandel der Zeit eingegangen werden, denn „Ausgangspunkt schulischer Umweltbildung ist immer die subjektive Befindlichkeit des Schülers" (HABRICH 1999, S.5).

4.1 Verhaltensänderungen

In den letzten ein bis zwei Jahrzehnten zeigen Schüler deutliche Verhaltensänderungen gegenüber früher. Im Allgemeinen treten Konzentrationsschwächen häufiger auf: Die Schüler sind unruhiger, leichter ablenkbar; Zuhören und Stillsitzen fällt ihnen schwer. Sie brauchen oft eine individuelle Rückmeldung für ihr Tun. Außerdem sind sie stärker ich-bezogen und weniger rücksichtsvoll. Auf der anderen Seite sind Kinder stärker und früher leistungsorientiert als früher. Häufig sind sie selbstständiger, aufgeschlossener und informierter. Sie bringen allerdings vermehrt heterogene Verhaltensweisen und Vorraussetzungen mit, was das Unterrichten für den Lehrer oftmals erschwert (nach HAUBRICH 1997, S. 52).

4.2 Ursachen

Als Ursache für diese Verhaltensänderungen gilt zum einen ein Wandel der Familienstruktur. In Deutschland ist in den letzten Jahren ein eindeutiger Trend zur Kleinfamilie zu verzeichnen: Immer weniger Kinder haben Geschwister, während früher Einzelkinder eher die Ausnahme waren. Außerdem nimmt die Zahl der Scheidungen und alleinerziehenden Eltern zu (nach SCHMIDT-WULFFEN und SCHRAMKE 1999, S. 10).

Zum anderen gilt als Ursache ein verändertes Spiel- und Freizeitverhalten. Früher spielten Kinder mit mehreren spontan und altersgemischt auf der Straße oder im Feld. Heute haben selbst Grundschüler schon volle Terminkalender (Tennis, Klavierstunde, Nachhilfe, ...). Spielkontakte werden immer mehr telefonisch verabredet (nach SCHMIDT-WULFFEN und SCHRAMKE

1999, S. 11). Des Weiteren werden andere Spielsachen benutzt: Computer, Gameboy und Fernseher reduzieren die Tätigkeit des Kindes auf Bedienung und bilden eine „Ersatzwelt" (HAUBRICH 1997, S. 52).

Die verplante Zeit der Kinder führt zu einem anderen Raumerleben. Früher erkundeten sie die Welt vom Wohnhaus aus und eigneten sich die Umwelt in konzentrischen Kreisen an, wie in Abbildung 3 zu sehen ist. Heute findet im kindlichen Raumwahrnehmen eine Verinselung statt (siehe Abbildung 4): Nur die Inseln Wohnung, Schule, Reitstunde, Urlaub, etc. werden wahrgenommen, nicht jedoch die Verbindungswege (nach HAUBRICH 1997, S. 54).

Abbildung 3: Modelle kindlicher Lebensräume früher (Quelle: HAUBRICH 1997, S. 55)

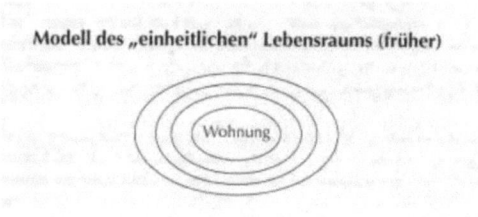

Abbildung 4: Modelle kindlicher Lebensräume heute (Quelle: HAUBRICH 1997, S. 55)

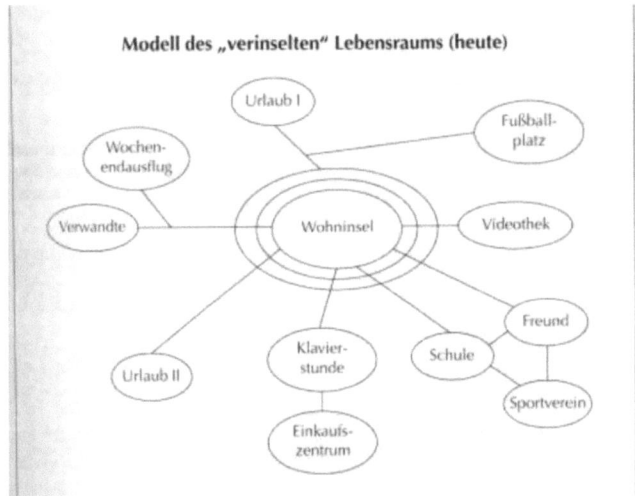

4.3 Folgen für den Unterricht

Die oben genannten Verhaltensänderungen wirken sich direkt, viele negativ, manche aber auch positiv, auf den Unterricht aus. Verhaltensänderungen wie beispielsweise höhere Leistungs-orientiertheit, höhere Selbstständigkeit oder erhöhte Mediennutzung kann man positiv für den

7

Unterricht nutzen. Den Unterricht erschwerende Verhaltensweisen sollten jedoch als Vorraussetzungen akzeptiert werden. Es hilft nicht, wenn der Lehrer nur klagt, früher sei alles besser gewesen. Schüler brauchen heute mehr individuelle Rückmeldungen und Förderung, Schülerorientierung wird immer wichtiger (nach SCHMIDT-WULFEN und SCHRAMKE 1999, S. 17f.). Deswegen setzen genau an diesem Punkt die Grundsätze der Umweltbildung (siehe Kapitel 5) an. Außerdem benötigt Unterricht zunehmend Handlungsorientierung, insbesondere für Schüler mit Konzentrationsproblemen. Auch die Handlungsorientierung findet Einzug in die Leitlinien der modernen Umweltbildung (nach NDS. KULTUSMINISTERIUM 2001, S. 12). Aus der zunehmenden Verinselung der kindlichen Raumwahrnehmung folgt, dass Geographieunterricht und Umweltbildung auch bewusst außerschulische Lernorte mit einbeziehen sollte. Schüler gewinnen somit Erfahrungsräume, die sie an einem Nachmittag vor dem Fernseher nicht haben (nach HAUBRICH 1997, S. 54).

5. Grundsätze moderner schulischer Umweltbildung

5.1 Allgemeines

In der Agenda 21 steht die Bildung für nachhaltige Entwicklung sehr weit oben; sie ist das Leitbild für den heutigen Geographieunterricht. Das Prinzip der Nachhaltigkeit dient der Umweltbildung als Plattform (nach HABRICH 1999, S. 4). Die neuesten Entwicklungen der Umweltbildung sollen die folgenden Ausführungen zusammenfassen.

5.2 Vernetztes Denken

Umweltbildung fördert das Verstehen komplexer Situationen und die Entwicklung kreativer Problemlösekompetenzen. Umweltzusammenhänge sind stets komplex, prozesshaft und von vielen Faktoren abhängig (nach KÖCK 2003, S. 42). Deshalb soll der Schüler vernetztes Denken lernen, Wechselbeziehungen und Folgen abschätzen können. Dies geschieht vor allem durch Fach- und Methodenkompetenz (nach NDS. KULTUSMINISTERIUM 2001, S. 10). Die im Folgenden genannten Ziele der Umweltbildung beziehen sich nie auf den Geographieunterricht oder ein anderes Fach speziell, sondern stellen immer allgemeine Fertigkeiten und Kompetenzen dar.

5.3 Nachdenklichkeit und Verständigungsbereitschaft

Umweltbildung verstärkt die Nachdenklichkeit und Verständigungsbereitschaft. Nachhaltige Entwicklung kann man nicht an einem Tag lernen und auf Knopfdruck abrufen, wie ein auswendig gelerntes Gedicht. Es handelt sich vielmehr um einen gesellschaftlichen Lernprozess. Dazu gehören vor allem Selbstreflexion, Dialogfähigkeit und Konfliktlösefähigkeit. Schüler lernen, im Team zu arbeiten, Informationen und Erfahrungen auszutauschen, sowie auch mit außerschulischen Einrichtungen zu kooperieren (nach NDS. KULTUSMINISTERIUM 2001, S.10).

5.4 Fächerübergreifendes Lernen

Ein weiterer wichtiger Aspekt der Umweltbildung ist der des fächerübergreifenden Lernens. Schüler sollen „eine ganzheitliche Sicht- und Zugangsweise" erhalten (NDS. KULTUS-MINISTERIUM 2001, S. 10). Themen sollten daher immer von vielen Seiten her beleuchtet werden. Dieser Punkt knüpft direkt bei den heutigen Kindern und Jugendlichen an: Jeder Schüler hat eine andere Zugangsweise: Der eine mag naturwissenschaftlich interessiert sein, der andere eher historisch, eine weiterer politisch etc. Betrachtet man Themen in mehreren Dimensionen, ist einerseits für jeden Schüler mal etwas dabei, andererseits lernen Schüler, Dinge ganzheitlich und in Zusammenhängen zu begreifen, sowie vernetzt zu denken. Und die vielseitigen Interessen der einzelnen Schüler kann man nutzen.

HOFFMANN unterscheidet in diesem Zusammenhang zwischen „fächerüberschreitend", „fächerverbindend" und „überfachlich". „Fächerüberschreitendes" Lernen streift, bezogen auf den Geographieunterricht, andere Fächer, wie z.B. Physik, Biologie oder Politik. Der Schwerpunkt liegt aber in der Geographie. „Fächerverbindend" bezeichnet das gleichberechtigte Verknüpfen zweier Fächer. Und unter „überfachlichem" Lernen versteht man, dass ein übergeordnetes Thema auf verschiedene Fächer aufgeteilt wird, im Sinne einer oben genannten ganzheitlichen Zugangsweise (nach HOFFMANN 2002, S. 185). Im Schulalltag lässt sich das allerdings nur schwer realisieren. Schulorganisatorische Rahmenbedingen wie der 45 Minuten-Takt, Notendruck und Aufteilung in einzelne Fächer lassen übergeordnete pädagogische Gesamtkonzepte nur schwer zu. Außerdem fehlt es bei vielen Kollegen an Kooperations-bereitschaft.

5.5 Politik und Ethik

Umweltbildung schließt auch ethische und politische Diskurse mit ein. Fragen nach Verantwortung, Gerechtigkeit oder Toleranz werden aufgeworfen und können, fächerüber-schreitend, auch in den Erdkundeunterricht eingebracht werden. Im Sinne politischer Bildung kann Umweltbildung auch partizipative Kompetenzen fördern, z.B. die Mitarbeit in lokalen Projekten. Dies fördert wiederum eine vernunftorientierte Konfliktlösung (nach NDS. KULTUSMINISTERIUM 2001, S. 12). In der Realität fehlt es aber gerade in lokalen Projekten an Nachwuchs.

5.6 Handlungsorientierung und Praxiserfahrung

Während Unterricht im Allgemeinen und Umweltbildung im Speziellen früher fast nur auf der inhaltlich-deskriptiven Ebene stattfand, stehen heute Handlungsorientierung und Praxiserfahrung im Vordergrund (nach HABRICH 1999, S. 3). Indem Naturerlebnisse ermöglicht werden, lernen Schüler unmittelbar natürliche Prozesse und Strukturen kennen, die Wahrnehmungsfähigkeit wird verbessert, die Schüler be-greifen im wörtlichen Sinn. Dadurch wächst auch der Respekt der Kinder vor der Natur. Verantwortungsbereitschaft fällt leichter, wenn man das kennt, was man schützen soll. Gleichzeitig steigt die Betroffenheit (nach NDS. KULTUSMINISTERIUM 2001, S. 10f.). Um all das zu realisieren, ist besonders die Wahl der Methoden wichtig. Die beliebtesten Methoden sind Planspiel, Projektarbeit oder Exkursionen. Aber auch hier stehen oft die momentanen schulorganisatorischen Rahmenbedingungen im Weg (nach HOFFMANN 2002, S. 179). Besonders wichtig ist auch die praktische Erprobung im Alltag. Konkrete Handlungsfelder können sein der Privathaushalt, die Schule oder der Betrieb, aber auch die lokale Agenda 21.

Leider führt Umweltbewusstsein bei Schülern noch lange nicht zu einer Verhaltensänderung. Es dauert lange, bis solche Einstellungen im Lebensstil der Kinder und Jugendlichen verankert sind. Oft gilt umweltbewusstes Verhalten als „uncool", das Klischee des „Ökos" mit langen Haaren und Birkenstock-Sandalen existiert bis heute noch (nach SCHMIDT-WULFEN und SCHRAMKE 1999, S. 194ff.).

9

6. KÖCK: Dilemmata der (geographischen) Umwelterziehung

6.1 Das Grunddilemma der Umweltbildung

Das eben angesprochene Problem der Diskrepanz zwischen Umweltbewusstsein und Umweltverhalten bezeichnet KÖCK als das Grunddilemma der Umweltbildung. Ökologisches Wissen sagt noch nichts über das Handeln aus. Sowohl bei Kindern, wie auch bei Erwachsenen ist oft das Prinzip des willigen Geistes und des schwachen Fleisches zu erkennen (nach KÖCK 2003, S. 28). Das Umweltwissen beeinflusst das Umweltverhalten „lediglich in den „Low-Cost"-Bereichen Einkaufen und Abfalltrennung. In den „High-Cost"-Bereichen Energie und Verkehr sind ... keine signifikanten Effekte erkennbar" (KÖCK 2003, S. 33).

6.2 Umwelttypen

KÖCK unterscheidet vier Umwelttypen:
- Umweltignoranten, die die Umwelt vorsätzlich schädigen, kommen eher selten vor.
- Bei Umweltrhetorikern ist die o.g. Diskrepanz besonders hoch: Sie haben zwar umwelt-bewusste Einstellungen, verhalten sich aber nicht dementsprechend.
- Einstellungsgebundene Umweltschützer verhalten sich oft, aber nicht immer umweltbe-wusst.
- Bei konsequenten Umweltschützern ist die o.g. Diskrepanz quasi nicht vorhanden.
(nach KÖCK 2003, S. 30)

6.3 Ursachen für das Grunddilemma

Gründe für das oftmalige Ausbleiben umweltbewusster Verhaltensweisen trotz ausreichenden Wissens liegen nach KÖCK in der „Ich- statt auch Gemeinorientierung", „Jetzt- statt auch Zukunftsorientierung" und der „Hier- statt auch Fernorientierung" (KÖCK 2003, S. 38). Mit der „Ich- statt auch Gemeinorientierung" ist gemeint, dass der Mensch meist egoistisch handelt, nach Erfolg und Gewinn strebt und zu wenig Rücksicht auf die Interessen anderer nimmt. Nicht nur einzelne Menschen betrifft das, sondern auch Menschengruppen, Parteien oder ganze Staaten. Die „Jetzt- statt auch Zukunftsorientierung" bezeichnet das Streben nach augenblicklicher Bedürfnisbefriedigung, ohne an Folgen für die Zukunft zu denken; also quasi genau das Gegenteil von Nachhaltigkeit. Und das oftmals territorial begrenzte Denken des Menschen wird als die „Hier- statt auch Fernorientierung" bezeichnet (nach KÖCK 2003, S. 38f.).

Des Weiteren ist das „Torheitsdilemma" zu nennen. Umweltprobleme sind kognitiv schwierig zu verstehen und vielschichtig. Rückkopplungen werden oftmals aus „Torheit" nicht bedacht. Und schließlich besteht auch eine Diskrepanz zwischen Gewohnheit und Reflexion: Alltägliche Verhaltensweisen sind meist automatisiert; und Umlernen fällt den meisten schwer. Diese Automatismen hängen auch mit unserer Kultur zusammen: Wir werden „in eine Kultur der Umweltzerstörung hineingeboren" (KÖCK 2003, S. 42). Oft neigen wir Menschen dazu, in alte Gewohnheiten wieder zurückzuverfallen. SCHMIDT-WULFFEN nennt hierzu ein Beispiel aus einem Gymnasium: Nach einem Energiesparprojekt, an dem die Schüler engagiert gearbeitet haben, stellt ein Lehrer bereits nach einigen Monaten fest, dass wieder das Licht in leeren Klassenräumen brennen gelassen wird und die Gebäudetüren zur Schule offen stehen (nach SCHMIDT-WULFFEN und SCHRAMKE 1999, S. 202).

6.4 Folgen für die Umweltbildung

Die oben genannten Dilemmata müssen zunächst als Gegebenheiten angesehen werden. Da viele Menschen, wie oben beschrieben, ich-bezogen handeln, ist ein möglicher Lösungsweg, Anreize zu schaffen: umweltfreundliches Handeln muss als angenehm empfunden werden. Dieser Weg zielt auf die extrinsische Motivation (nach KÖCK 2003, S. 61f.). Eine weitere Lösungsmöglichkeit wurde bereits in Kapitel 5 angesprochen: Im Geographieunterricht oder auch in anderen Fächern kann man Schülern eine Aufgabe stellen, z.b. die Straßen eines Wohnviertels müllfrei halten oder den Schulgarten pflegen. Durch das Gruppenhandeln wächst die Betroffenheit der Schüler (nach NDS. KULTUSMINISTERIUM 2001, S. 13). Außerdem sollte im Unterricht der affektive Bereich nicht vernachlässigt werden. Durch die Internalisierung von Werten kann die oben genannte Bewusstseins-Verhaltens-Kluft verringert werden. Dieser Weg zielt auf die intrinsische Motivation. „Du sollst"-Formulierungen sind hier allerdings eher fehl am Platze. Aber: Vor allen der gesamtgesellschaftliche Wertewandel muss steigen, und zwar zugunsten der Umwelt. Im besten Falle kann es dazu führen, dass jeder einzelne sich selbst verpflichtet, sich für die Umwelt einzusetzen und Verantwortung zu übernehmen. KÖCK spricht in diesem Zusammenhang vom „Ökologischen Imperativ" (KÖCK 2003, S. 71). Die für diese Lösungswege geeignetste Methode ist die der Handlungsorientierung. Aber auch eine gute kognitive Qualifizierung schadet nicht, denn Umweltsachverhalte sind komplex: Schüler müssen lernen, Strukturen und Prozesse zu verstehen und Ursachen und Folgen abschätzen zu können (nach KÖCK 2003, S. 62ff.).

7. KROSS: Geschützte Natur

7.1 Umweltbewusstsein

Auch KROSS ist der Meinung, dass moderner Geographieunterricht das Umweltbewusstsein analysieren muss. Abbildung 5 zeigt, dass umweltrelevantes Wissen (rechter Kasten) noch lange nicht zu umweltrelevantem Verhalten führt (nach KROSS 2004, S. 7).

Abbildung 5: Umweltbewusstsein: Struktur und Steuerungsmöglichkeiten
(Quelle: KROSS 2004, S. 8)

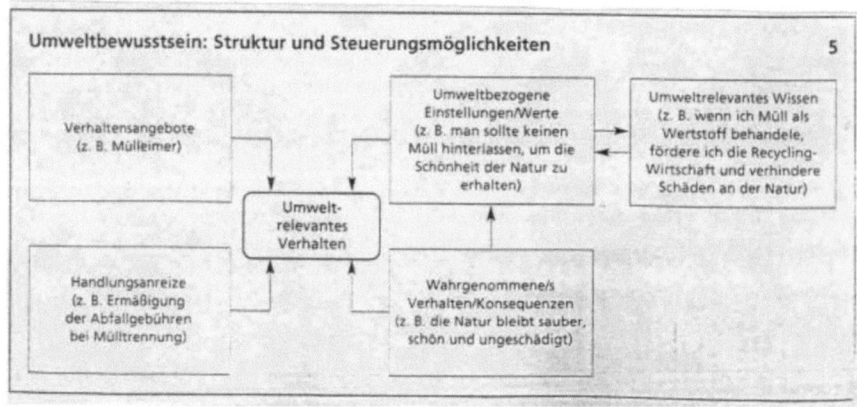

Umweltbezogene Einstellungen und Werte hingegen haben einen größeren Einfluss auf das Handeln. Sie sind aber mit dem Wissen eng verknüpft. Außerdem fördern Handlungsanreize und Verhaltensangebote von außen im Sinne extrinsischer Motivation das umweltrelevante Verhalten (nach KROSS 2004, S. 7f.).

7.2 Umweltbildung und Naturschutz

Umweltbildung wurde früher oft mit einer Erziehung zum Naturschutz gleichgesetzt. Naturschutz erfolgte nach dem „Prinzip der Segregation" (KROSS 2004, S. 4), die Öffentlichkeit wurde aus Naturschutzgebieten ausgeschlossen. Da auf diese Weise aber das unmittelbare Erleben der Natur verhindert wurde, konnten Menschen nur schwer ihren Wert erkennen. Deshalb versteht sich moderner Naturschutz eher als Umweltschutz. Landschaft und Mensch werden im Sinne nachhaltiger Entwicklung integriert. Selbstverständlich bleiben dabei Nutzungskonflikte nicht ganz aus (nach KROSS 2004, S. 4f.).

Und dieser Wandel des Naturschutzes lässt sich auch auf die Umweltbildung in der Schule übertragen: Schüler müssen mit der Natur konfrontiert werden und Möglichkeiten bekommen, sie zu erleben, um sie als etwas Schützenswertes anzusehen. Nach KROSS muss Geographieunterricht gesellschaftliche Rahmenbedingungen mit einbeziehen und reflektieren, damit Schüler ein von Grund auf anderes Verhältnis zur Umwelt bekommen (nach KROSS 2004, S. 8).

8. Abschließende Bemerkungen

Meiner Meinung nach gibt es analog zur KÖCKschen Umweltbewusstsein-Umweltverhaltens-Diskrepanz in der Umweltbildung auch heute noch eine Diskrepanz zwischen Theorie und Praxis. Die vom NIEDERSÄCHSISCHEN KULTUSMINISTERIUM herausgegebenen Grundsätze schulischer Umweltbildung beispielsweise klingen zwar gut, sind aber noch lange nicht vollständig in der Praxis des Schulalltags verankert. Es wird wohl noch einige Zeit dauern, bis die 1992 in Rio beschlossene „Bildung zur nachhaltigen Entwicklung" wirklich bei den Schülern angekommen ist.

12

9. Literatur

FLATH, Martina und Gerhard FUCHS (1997): Umwelterziehung und Geographieunterricht. Perthes Pädagogische Reihe. Gotha.

HABRICH, Wulf (1999): Umweltbildung. Bildung für eine nachhaltige Entwicklung. - In: Geographie heute 174/1999, S. 2 - 6.

HAUBRICH, Hartwig (1997): Didaktik der Geographie konkret. München.

HOFFMANN, Reinhard (2002): Umweltbildung im Geographieunterricht. Von Umwelterziehung zu Bildung für nachhaltige Entwicklung. - In: Geographie und ihre Didaktik, 30. Jg. Heft 4. S. 173 - 188.

KROSS, Eberhard (1994): Die Erde bewahren - die neue Leitidee für den Geographieunterricht. - In: SCHULZE, Arnold (Hg.) (1996): 40 Texte zur Didaktik der Geographie. Gotha.

KROSS, Eberhard (2004): Geschützte Natur. Von der Erziehung zum Naturschutz zu einer Erziehung zu nachhaltiger Entwicklung. - In: Geographie heute, 25. Jg., S. 2 - 9.

KÖCK, Helmuth (2003): Dilemmata der (geographischen) Umwelterziehung. - In: Geographie und ihre Didaktik, 31. Jg. Heft 1/200, S. 28 - 43 und Heft 2/2003, S. 61 - 79.

NIEDERSÄCHSISCHES KULTUSMINISTERIUM (Hg.) (2001): Global denken - lokal handeln. Die Zukunft gestalten lernen. Empfehlungen zur Umweltbildung in allgemeinbildenden Schulen. Hannover.

SCHMIDT-WULFEN, Wulf und Wolfgang SCHRAMKE (1999): Zukunftsfähiger Erdkundeunterricht. Perthes Pädagogische Reihe. Gotha.

SCHMITT, Gabriela (2002): Rio plus 10 = Johannesburg. - In: Praxis Geographie 12/2002, S. 5 - 9.